HUJIAO
ZAIPEI JISHU

胡椒栽培技术

主编◎杨士吉
本册主编◎张永平

云 YUNNAN
南 NAN
高 GAOYUAN
原 YUAN
特 TESE
色 SE
农 NONGYE
业 YE
系 XILIE
列 LIE
丛 CONGSHU
书 SHU

U0391412

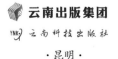
云南出版集团

YNKJ 云南科技出版社

·昆明·

图书在版编目（CIP）数据

胡椒栽培技术 /《胡椒栽培技术》编委会编 . —— 昆明 : 云南科技出版社 , 2020.7
ISBN 978-7-5587-2862-4

Ⅰ . ①胡… Ⅱ . ①胡… Ⅲ . ①胡椒—栽培技术 Ⅳ . ① S573

中国版本图书馆 CIP 数据核字 (2020) 第 109419 号

胡椒栽培技术

《胡椒栽培技术》编委会　编

责任编辑：唐坤红
　　　　　洪丽春
助理编辑：曾　芫
　　　　　张　朝
责任校对：张舒园
装帧设计：余仲勋
责任印制：蒋丽芬

书　　号：ISBN 978-7-5587-2862-4
印　　刷：云南灵彩印务包装有限公司印刷
开　　本：889mm×1194mm　1/32
印　　张：2.375
字　　数：60 千字
版　　次：2020 年 7 月第 1 版　2020 年 7 月第 1 次印刷
定　　价：20.00 元
出版发行：云南出版集团公司　云南科技出版社
地　　址：昆明市环城西路 609 号
网　　址：http://www.ynkjph.com/
电　　话：0871-64190889

编 委 会

主　　任　唐　飚

副 主 任　李德兴

主　　编　张永平

参编人员　周安禹　张　桦　施菊芬

审　　定　李德兴

概　述

　　我国胡椒种植从1950年初开始，从马来西亚、印度尼西亚引进大叶种胡椒在海南试种并取得成功。1971年，云南省红河州绿春县骑马坝乡农民从玉溪市新平县引进胡椒品种后，由于气候适宜，胡椒慢慢地在骑马坝乡范围扩散开来，先是零星种植，后逐步发展成规模化种植。

　　胡椒栽培可以分散种植、加工方法简便，投资回收快，经济效益高，适于农户经营。事实证明，胡椒是发展高效农业的一种很好的作物，种植胡椒不仅能发展农村经济，而且对增加农民收入、脱贫致富都具有很大的作用。因此，胡椒种植是一种大有发展前景的产业。

　　回顾胡椒栽培历史，可以看出胡椒产业的兴衰除受胡椒产品价格的影响外，自然灾害特别是大椒病害的影响也是极大的，所以，胡椒生产者为获得胡椒的高产稳产和高效益，熟悉和掌握胡椒高产栽培和病虫害防治技术是很有必要的。

目　录

第三篇　胡椒病虫害防治

第一篇　胡椒生物学特性

一、胡椒种类

胡椒的果实与种子通过不同的加工方法，可以得到黑胡椒、白胡椒、绿胡椒以及红胡椒。全世界胡椒出口总量的80%~85%为黑胡椒，15%~20%为白胡椒，约1%为绿胡椒。

（一）黑胡椒

黑胡椒是由胡椒藤上未成熟的浆果制成的。浆果首先会在热水中暂煮片刻，以清洗其表面并预备干燥。同时热度会破坏果实的细胞壁，加速干燥过程中褐化酶的作用。其后几天时间里，浆果会被曝晒于太阳下或在机器中烘干。在此过程中，由于真菌反应的作用，包裹着种子的果皮会逐渐地变黑并收缩，最后成为薄皱的一层。在干燥过程结束后，得到的产品便是黑胡椒子。

（二）白胡椒

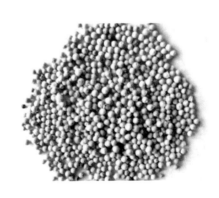

白胡椒则是由移除果皮的种子制成的。白胡椒的制作通常会采用完全成熟的浆果，并将浆果在水中浸泡约一个星期，

在这段时间中果肉部分会松软并逐渐腐烂。通过摩擦去除果肉残留物后，再将裸露的种子干燥。还有其他的用于移除果肉的加工方法，包括移除由未成熟浆果制成黑胡椒的外表皮。

在美国，白胡椒常被用作浅色酱汁或土豆泥等食品的调味料，因为黑胡椒在浅色食物中容易被认出。黑胡椒与白胡椒谁更具有辛辣性这点是有争议的。由于外表皮的一些成分无法在种子中寻得，两种胡椒的气味不尽相同。

（三）绿胡椒

绿胡椒同黑胡椒一样，是由未成熟的浆果制成的。干燥后的绿胡椒在某种程度上还保留着绿色，因为它经过了二氧化硫或冻干之类过程的处理。经过食盐水或醋

腌制后的胡椒子也会呈现绿色。新鲜而未处理的胡椒浆果在西方非常罕见，它们主要出现在一些亚洲国家的菜肴特别是泰国菜中。新鲜胡椒浆果的气味辛辣且清新，并带有浓郁的芳香。未干燥或腌制的胡椒会迅速地腐烂掉。

（四）红胡椒

在食盐水和醋中腌制成熟的红胡椒浆果可以制成罕见的红胡椒；干燥绿胡椒的颜色保存技术亦可用于干燥更罕见的成熟红胡椒子。

胡椒中的红胡椒品种不同于另一种更常见的"红胡椒子"，后者是不同科的秘鲁胡椒木及其亲近巴西胡椒木的果实。过去曾有关于红胡椒子作为食品是否安全的争论，但现在该争论已经平息了。

二、胡椒生长习性

胡椒是一种多年生热带藤本植物。胡椒主蔓需借助支柱攀爬生长，在自然状况下可以长得很高。栽培的胡椒高度一般控制在2～3米之间，在正常管理情况下，植后2年左右便形成圆柱形树冠，树冠幅度120～180厘米。

（一）根

胡椒是用插条繁殖，植株没有真正的主根，由地下蔓节的气根和切口抽生的粗根，粗根上又抽生侧根，侧根上再抽生细根，构成根系，根系一般分布在0～60厘米的土层内，尤以10～40厘米的土层最多。根系的分布成龄树比幼龄树分布深而广，土层深厚、地下水位低的地方或深翻改土、土壤疏松根系分布亦较深，分布最深可达2米以上。根系的水平分布幼龄树多在叶冠内，成龄（4～5年）树根系已开始交错，随着田间不断合理耕作，施肥和松土等，不断锄断根系，使根系得到更新，重新长出生活力更强的新根。

（二）叶和蔓

叶为椭圆形，全缘单叶互生，大小因品种、环境而异，荫蔽和偏施氮肥时，叶片较大。蔓近圆形，初期紫红色，后转绿色，木栓化后呈褐色。蔓上有节，节上长有气根，蔓节上的叶腋内有休眠节，在主蔓生长受到抑制，如割蔓或水肥充足时，可抽出新蔓，主蔓在3月开始正常生长，雨季生长最快，冬季低温期生长缓慢甚至停止生长或寒害断顶。月平均生长量20～30厘米，最高可达50厘米以上。

主蔓有从叶腋内层状抽生分枝的特性，一般每隔1～3节有一层为数1～4条的分枝。每个分枝都有一个侧芽，由侧芽抽生的枝条叫结果枝。结果枝的生长因着生的部位不同而异。因而有长、中、短果枝之分。主蔓从叶腋间抽生的分枝和在其上面抽生的结果构成一个独立的枝条系统，叫作枝序。胡椒的树冠是由多条主蔓和120～150个枝序构成的。这些枝序数量和长势是构成产量的基础，所以应保证植株达到所要求的枝序。

（三）开花结果习性

胡椒枝条上的侧芽是混合芽，花芽和叶芽是同时分化的，花芽是在植株营养适合时发育成为正常的花穗，开花结果。

胡椒几乎全年都可抽穗开花，红河州地区温度较高，一般放秋花（9~11月），温度较低的地区一般放春花（4~5月）。胡椒花称为穗状花充，花期较长，一般需2~3个月，从抽穗开花至果实成熟需要9~10个月。

三、胡椒对环境条件的需求

胡椒原产于热带地区，要求高温多雨、静风和土壤肥沃、排水良好的环境，必须给予创造良好的生长条件，才能取得较高的经济效益。

（一）温度

胡椒要求较高的温度。世界主要植椒区年平均温度都在25～27℃之间。我国年平均温度21～26℃，绝对温度大于0℃，无霜的地区，胡椒都能正常生长，而以年平均温度23～27℃，无霜地区最适宜。绝对低温在6℃以下，持续2～3天，就会引起寒害。

（二）雨量

胡椒要求雨量充沛，分布均匀。世界主要植椒区年雨量大多在1900～3000毫米之间，我国在年雨量800～2400毫米的地区，胡椒能正常生长和结果，而以年雨量1500～2400毫米，分布比较均匀最为适宜。雨量太多或过于集中会引起水害和病害。

（三）风

胡椒要求静风环境，风大则吹坏叶片，吹落果实，重则折枝、断蔓、倒柱、传播病害。因此，植椒应先造防风林带。

（四）光照

胡椒大叶种幼龄树需要一定的荫蔽，成龄植株则要求充足的光照，荫蔽会使枝条徒长，开花结果少。

（五）土壤

结构良好，易于排水，土层深厚，土质疏松，比较肥沃的沙壤土最适于胡椒的生长发育。排水不良或地下水位高的土壤易发生水害和病害。

第二篇　胡椒栽培技术

一、育苗

胡椒在生产上主要采用插条进行无性繁殖，插条俗称种苗。采用优良种苗定植，植株生长快，结果早，产量高，寿命长。

（一）优良种苗的标准

长度30～40厘米，自然分枝4～5个节；蔓龄生长4～6个月，粗度达0.6厘米以上；气根发达，且都是"生根"；插条顶端2个节上各带一个分枝，并保留10～15片叶，腋芽发育饱满；没有病虫害和机械损伤。优良种苗要在生长满1～2年生幼树上选择，母树要求生长健

壮，供苗的椒园没有瘟病发生，各植株都没有花叶病和细菌性叶斑病为首要条件。割苗前7～10天先将留做种苗的主蔓顶上多余部位剪除，待主蔓生长充实，腋芽饱满，叶片充分老化后才进行割苗。切取种苗一般和植株整形结合进行，即按整形的要求割下主蔓，主蔓被切断后，自上而下解开绑绳，小心拿下主蔓，避免扭伤，置于阴凉处。然后按种苗标准切取，切口要用锋利小刀在离节间2厘米处呈45度斜切，防止破裂以利生根。种苗要边切边蘸水，及时摘除多余叶片，清除枝条顶端细嫩部位，分级后育苗或

◎第二篇　胡椒栽培技术

9

直接定植。割蔓季节，红河州以早春3月和秋季9～10月两季为宜，雨天、低温干旱或高温干旱期不宜割蔓取种苗，病株绝不宜割蔓，以免影响母树生长和病害蔓延。割蔓当天应以阴天或早晨和傍晚为适宜，这样可减少插条失水，提高育苗成活率。

（二）育苗

育苗地宜选排水良好、土层深厚的沙质壤土和靠近水源的缓坡地或平地。靠近病园和种过番薯、蔬菜等线虫多的地不宜选用。育苗地应经多次犁翻平整，清除杂物和晒后起畦。畦高25厘米，宽1米，畦面土要细要平，苗圃四周要开排水沟。育苗时按20厘米行距开成50度角的斜面，斜面要压紧，在斜面上按5～10厘米株距排列种苗，使气根紧贴土面，盖土后压紧，特别是土下最下二节应压很

紧，随即淋足定根水和遮阴，荫蔽度90%左右。以后要经常淋水保湿，直到成活为止。插条培育一个月左右便可出圃。而育苗时间很长，已长出主蔓的苗，要出圃定植时，应剪除过长的根系和主蔓（新蔓留二节）。在缺乏种苗时，4节壮苗也可种植。

二、建园

（一）园地的选择和规划

胡椒怕渍水，应选缓坡地，排水良好的平地。土壤应土层深厚，比较肥沃，呈微酸性，结构良好，易于排水。不要选低洼渍水，雨季易被河水或沟水浸到的地方和黏重透水不良的土壤建立椒园，

坡度以3~5度为宜，最好不超过10度，胡椒要求高温，在温度较低的地区应在阳坡种植，以减少寒害。椒园也要靠近水流、交通方便，以解决灌溉和运输问题。

胡椒要求静风的环境。一个椒园面积不宜太大，一般在5亩为宜，没有或台风少的地区，面积可大一些，椒园最好规划成长方形，东西走向，周围造林或保留原生林带。

椒园应设排水系统，排除积水。排水系统由椒园四周的大沟和园内的纵沟、小沟组成。大沟离防风林1～2米，离胡椒2.5米，沟宽80厘米，深60～80厘米；纵沟每隔15米左右设一条，宽60厘米，深40～60厘米；行间设小沟，使沟沟相互连通，以利排水，平地可以起垄，坡地要修梯田，垄沟和梯田内壁小沟与纵沟相通，干旱时可以堵沟积水和利用小沟灌溉。

（二）道路和粪池设置

道路由干道和小路组成。干道一般设在防风林旁，是椒园的主要道路，外与公路相通，内与小路相连。小路和粪池设在椒园旁边，每园建粪池一个，规格3米×2米×1.5米，分两格。

（三）营造防护林

主林带设在比较高的地方，与主风向垂直，种树5～6行，在风害重地区，防护林带应适当加宽，副林带与主林带垂直，种树3～5行。尽可能做到既能防风、防寒，改造好小环境，又有利于植株生长。树种可用速生的和经济抗风树种相结合。如台湾相思和波罗蜜等。

（四）定植

1.开垦和平整

开垦一般在定植前3个月进行深耕全垦，一般犁深40厘米以上，最好用拖拉机全园推松，深度70厘米，把树头、树根、石枝、杂物等清除干净，并让土壤充分曝晒，使其风化。土壤深耕后，随即平整。

2.施基肥

平整后进行挖穴，挖穴宜在定植前2～3个月进行，穴规格上下均为长、宽各80厘米，深70～80厘米。挖穴规格一般是平地、缓坡地、支柱高2.5米，可采用2米×2.2～2.5米的株行距，亩植133株；土壤肥沃，支柱高2.6～2.8米以上的可种稀些，株行距2米×2.5～3米，亩植111株；土壤瘦瘠，支柱在2.5米以下的可种密些，株行距2米×2米，亩植166株。植穴充分曝晒后于定植前1个月施基肥和回表土，每穴施充分腐熟、干净、细碎的有机肥（其中有饼肥1千克，钙镁磷0.5～1千克）15～20千克，与表土（肥三成表土七成），每穴最好加0.25千克火烧垢，充分混匀施下踏紧，再做成高出地面20厘米的土堆，准备定植。

3.立柱

胡椒是藤本植物，自然状态地上部分不能直立生长，只能匍匐地面，因此，需要借助于支柱攀岩才能正常生长。目前采用的支柱有木柱、活支柱、石柱、水泥柱。红河州主要采用水泥柱做支柱。

（1）水泥柱：水泥柱是用钢筋、水泥、砂和碎石制成。水泥

柱长2.8米左右，头部直径12厘米，尾部直径8厘米，制造100条柱需6毫米钢筋350～380千克，500号水泥750千克，直径1～2厘米的碎石1.6～2立方，砂1.3～1.4立方。水泥、砂、碎石的比例为1：2：3。水泥支柱坚固耐用，在高温干旱季节对胡椒生长影响不大，但投资比较大。目前各地制造的水泥支柱不符合质量要求，如胡椒生长好，树冠大，产量高的椒园，支柱易被台风刮断。虽然降低些成本，但从长远来看是不合算的。

（2）石头支柱：石柱是用坚固的大石头制成的。要求头部粗12厘米，顶部粗10厘米，长2.8米（包括入土70厘米），且全柱上下粗细比较均匀。据调查，石柱靠近地面部分，直径小于12厘米时容易被台风刮断。石柱坚固耐用，不会因更换支柱损伤蔓、根、花，工量少。管理良好时，气根吸附尚牢固，胡椒生长正常，但初期投资大，且高温季节，柱身温度高，对主蔓生长有影响，可采取遮阴降温，从长远打算，采用石柱是合算的。

（3）木柱：木柱要求木质坚硬耐用，头部直径12～15厘米，尾部直径10厘米，长2.8～3米。采用木柱可以就地取材，成本低，但不耐用，需要经常更换，费工费时，换柱也易扭断主蔓和枝条，影响生长，同时亦易引起各种根病的发生。

（4）活支柱：提供胡椒攀缘的树叫活支柱。目前采用的活支柱有刺桐、厚皮树、牛尾棱、苹婆树、槟榔、椰子、波罗蜜树等。活支柱虽然与胡椒争夺水分、养分，但能就地取材，成本低，且不要更换，管理得好，也可获较高的产量。采用活支柱需注意修枝和增施肥料。

（5）换柱：胡椒种植时要栽上大支柱，最迟在胡椒进行第二、三次剪蔓时，就要换上大的支柱（永久支柱），以后大的支柱损坏时，应及时换上新柱，防止支柱倒伏而折断主蔓。换大柱的位置一般离胡椒头20厘米，换柱是在中小椒剪蔓后或结果椒采果后进行。先用三脚架将主蔓顶部固定，然后小心地将气根从支柱上分离开，用二支小棍插在换柱方向椒头的两侧，将基部枝条拨开，挖出旧柱，随即把新柱放入穴中，保持垂直。支柱入土深度要有70厘米以上，封顶后的植株，新支柱地上部分高度一定要和旧柱相等。新柱栽后要捣紧，柱头周围要培土，稍高于地面，以防渍水，引起病害。最后将主蔓均匀地分布于支柱上绑好。

4.定植

（1）定植时间：应根据各地气候条件而定。在红河州除冬季（12～2月）外，其他季节都可定植。但雨季定植为宜，尤以8～11月份，气候凉爽，雨多，成活率较高，花工也少。冬季气温较低的地区应在春季定植，以便使植株有较长的时间生长、利于越冬。定植时应选择阴天或是晴天的傍

晚为宜。大、中雨天，土壤湿度过大时不宜定植，否则树根和土壤紧粘在一起，干后板结，造成"死根"，新根抽生困难，影响成活和生长。

（2）栽植密度：胡椒开花结果需要充足的光照和足够的营养面积，合理的种植密度是获得丰产的重要措施。平地、缓坡地、支柱高（地上部分）2.6米以上，可采用2米×2.5米的株行距，亩植133株；土壤肥沃，支柱高2.8米以上的可种疏些，株行距2米×3米，亩植111株；土壤瘦瘠，支柱在2.5米以下的可种密些，株行距2米×2米，亩植166株。

（3）定植方法：定植方向应与梯田或垄的走向一致。但椒头不要向西，以避免烈日晒伤椒头。定植角度视土壤排水情况而定。一般为45～60度角。红壤土层深厚，透水性强，种植角度可大些，也可用反根（根向土面）种植。定植时在植穴的一边中间

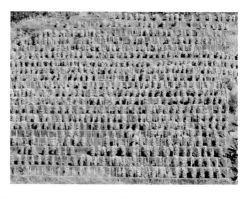

离穴壁约10厘米处插上棍标或在穴边种上支柱，在植穴土堆上距棍标约10厘米，按要求的角度挖"V"小穴，深度视种苗的长短而定，靠棍标的坡面成45～60度角，宽30～40厘米，并把斜面稍为压实。种单苗时，种苗对着棍标置于斜面正中；种双苗时，种苗对着棍标呈"八"字形

放置，种苗上端一节间隔5厘米，下端间隔15厘米，无论种单苗或双苗都要让种苗上端1~2节露出土面，以防种植过深影响抽蔓。

种时让种苗根系紧贴斜面土壤，使其分布均匀，自然伸展，一手固定种苗，一手把细碎、疏松、湿润的表土（但不宜过湿）自下而上的将种苗盖住压紧，用手轻拔种苗不起为适度，随着就在种苗两旁放已经用七成表土混匀的腐熟有机肥（同植穴施的同样）4~5千克，然后再回土，填满植穴，小心压紧，再在椒头方向做成中间呈锅底形的土兜，土兜盖上草和荫蔽（可用芒箕或不易落叶的树枝叶）和淋足定根水，荫蔽度以80%~90%为宜。

植后1~2天淋水一次，一星期后已长出新根，种苗都已成活，淋水次数可逐渐减少。定植一年内都要保持荫蔽，切勿让太阳直晒椒头，引起幼苗死亡。植后一个月，如有死株、生长不良植株、花叶病植株应及时拔除和补种，做到齐苗，生长一致。种苗抽生新蔓时，要及时栽支柱和绑蔓。此外，还要注意松土、盖草、除草、遮阴等。

三、胡椒园的管理

（一）培养丰产树型

树型是胡椒结果的基础，有良好的树型，才能取得较高的产量。丰产树型应具备的条件为：每株有健壮的主蔓8条，每条主蔓抽生的枝序有18个左右，全株枝序达120~150个，每枝序抽生的结果枝，初产期有20条，盛产期有30~40条，树冠幅度160~180厘米。以结果枝每条抽生一穗果，这样全株的结果量就达5千克以上。要培养这样的高产树型，除加强胡椒的施肥管理以外，主要是通过合理留蔓、剪蔓和修枝。

1.留蔓和剪蔓

胡椒在自然生长状况下，分枝少，树冠稀疏，结果面小，产量低。必须经过合理的剪蔓和留蔓，促进蔓枝的生长，使其形成一个树冠结构良好的树型，才能为丰产打下良好的基础。目前，我国主要植椒区一般采用剪蔓4～5次，留蔓6～8条的整形方法。植后2～3年封顶投产，产量较高。但近年来，由于胡椒花叶病为害，有些椒园剪蔓后花叶病发生严重，造成椒农都很怕剪蔓。这些都不只是剪蔓所造成的，而是同一系列的管理技术不当造成的，是可以避免或减

少病害发生的。整形修剪方法如下：

胡椒种植后一个月开始长新的主蔓，一般留蔓2～4条，植后6～8个月，植株大部蔓长高达1～2米时进行第一次割蔓。在离地面15～20厘米（2～6节）处割蔓，保留1～2层分枝，约经20天，割断的蔓已长出新蔓，每条蔓选留切口下2～3节长的新蔓2条，全株共留新蔓4～8条。如果种植的种苗质量较差，新蔓分枝部位过高，40厘米以上

才有分枝，剪蔓后应进行压蔓。

第二、三、四次剪蔓，应在所留的新蔓高1米以上时进行。每次剪蔓都在前次切口上3节左右处，每次剪蔓后都会长出多条新蔓，当新蔓生长1～2节时都要选留切口下长出的新蔓，每蔓留1～2条，全株共8条。

第五次剪蔓，亦是最后一次剪蔓，应在新蔓第二层（跨层）分枝之上剪蔓。留蔓与上次相同。剪蔓后待新蔓生长超过支柱30厘米时将几条主蔓向枝柱顶部中心靠拢，按顺序互相交叉绑好，这叫封顶。再在交叉点3～5节处（没分枝的空节）将主蔓割断，使之逐渐形成圆柱形树型。

此外，在不要种苗的情况下，经第一、二次剪蔓后的植株，每当新蔓长达40～50厘米时，从前次切口上5节左右处去顶，连续进行5～6次，直到封顶为止，这叫多次去顶法，这样可以加速封顶，形成树型，提早投产。

最后一次剪蔓应计算好封顶时间。在红河州一般于留花前6～8个月进行，气候低的地区时间可长些。这样剪蔓后有足够的时间使新蔓枝生长，加速树型形成及枝条老化，使植株上下层果枝均匀，可提高初产期产量。

剪蔓应在春、秋雨季进行。切忌在高温干旱季节和椒园发生瘟病时剪蔓。在高温多雨、生长期较长的地区，每年可剪蔓3～4次，温度较低、生长期较短的地区，每年可剪蔓2～3次。

2.修剪

修剪的目的是剪除没有经济价值的蔓枝，以集中养分，促进植株健壮生长，加速树冠形成，同时使植株通风透光，枝序分布均匀，利于开花结果，减少病虫害的发生，同时也方便管理。

幼龄胡椒营养生长旺盛，每年都会大量萌芽抽蔓，除应保留的主蔓外，对多余的芽、蔓宜结合整形、绑蔓时，及时切除。但从没长枝序的蔓节抽出的新蔓，可保留一个节带一个分枝，以增加枝序数量。结果植株内部和顶部也会大量抽生新蔓，这些新蔓消耗植株大量养分，造成树冠郁闭，影响通风透光，应在萌芽时及时切除。但在没有枝序的蔓节长出的新蔓，也同样留一个节带一个分枝，填补空位，增加结果面积。

修除"送嫁枝"及近地面分枝。原种苗带来的二个枝序称为"送嫁枝"，植后初期，它可荫蔽椒头，避免阳光灼伤主蔓。但后期会造成椒头湿度大，影响通风透光，诱发瘟病发生，"送嫁枝"生长过于旺盛也影响地上部蔓枝的生长，延期树型的形成，同时不利于防治病虫害和管理。第二次剪蔓前，在太阳不晒的前提下，把送嫁枝逐渐剪除。在土壤黏性大的平地，在最后一次剪蔓前应逐渐剪除地面20厘米以下的老枝，使椒头通风透光。但较干旱地区，保水力差的土壤，支柱过矮的椒园，修枝部位不宜过高。结果椒顶部树冠过大枝条过密时，必须把顶部老弱枝和徒长的枝条剪除，外围过长的枝短截，保持树冠上下平衡，大小一致和通风透光，使其充分利用光能，减少病害的发生。修剪宜在春、冬旱季进行。

（二）绑蔓、摘花、摘叶、遮阴

1.绑蔓

中小椒要及时绑蔓，使吸根发达和牢固地吸附于支柱上。绑蔓是在定植后1~2个月，新蔓长出3~4节时开始进行的。每隔10~15天绑一次。第一次绑蔓时，按种苗所在的方位调整新蔓，顺序的绑于支柱上，蔓不能交叉。用柔软的麻皮或塑料绳在蔓的节下将几条主蔓绑于支柱上。绑时先将主蔓圈着，一手将绳拉紧，一手调整和压紧主蔓，使蔓节紧贴支柱，调好后再把绳拉紧绑好。调整就是把蔓放在支柱四个面上，均匀分布和紧贴于支柱上。绑蔓最好做到节节都紧贴于支柱上，这样才能长出发达的气根。割蔓后换绑牢固的塑料绳，在切口下将主蔓绑好。结果植株每隔40~50厘米用牢固的绳索绑一道。以后每年在台风季节到之前，加强检查，发现绑绳损坏，应及时更换，以防主蔓松脱倒下和扭伤。

绑蔓要做好如下五点：

（1）绑蔓要及时，松紧要适度。老蔓应绑紧些，嫩蔓不要绑得太紧，以免影响生长。

（2）要把主蔓调整正直，避免交叉，均匀地配置在支柱四个面。每面二条，在背椒头一面，即换柱方位，主蔓间的距离要宽一些（留路），以便将来更换支柱。

（3）绑蔓不要把枝条绑于柱上，要把枝条按照层序高低调整，防止枝条互相交叉挤压，影响向外伸展。

（4）老蔓、嫩蔓要分开绑。先绑老蔓，后绑嫩蔓。

（5）雨后或早晨嫩蔓含水量高，较易折断，绑蔓要小心，防止扭伤枝条和折断主蔓。

2.摘花

胡椒一年四季都可开花结果。中小椒在封顶以前，一般不让结果，必须及时采花，避免消耗养分。但为了提高收益，二龄植株，冠幅达120厘米以上时，可适当保留植株下部的花穗，让其结果，单株产量不要超过1.5千克，并要加强施肥管理，保证植株正常生长。结果椒在红河州一般都留秋花，温度较低的地方一般留春花、夏花。其余季节抽生的花穗一律及时摘除。

3.摘叶

中小椒在绑蔓时应将主蔓和分枝基部的老叶摘除，使树冠内部通风透光，有利于植株生长和便于管理和防治病虫害。结果植株在采果后放花前一个月，生势旺盛的植株，枝叶茂密，可将枝条老叶适当摘除，也可用40~60ppm的乙烯利溶剂脱去老叶，可促进开花结果，提高产量，但摘叶或脱叶过多，会削弱生势，造成减产。一般果叶比为1:3，即三片叶养一穗果比较适宜。

4.遮阴

幼龄椒怕烈日高温，在高温季节遮阴尤为重要。遮阴有些在支柱顶端铺树叶，有些铺塑料网，这样虽好，但取材不易，成本高。有些用芒箕倒绑于支柱中部，像戴帽一样，这样取材易，成本低，亦能起到一定的遮阴作用。小椒除用芒箕遮阴椒头以外，中小椒把送嫁枝反转遮盖椒头，亦起一定的防晒作用。

（三）施肥

胡椒每年生长和开花结果，需要大量养分，必须根据胡椒植株不同生长发育时期对养分的需要、土壤气候条件和肥料性能合理施肥。满足胡椒对养分的需要，才能加速生长获得高产稳产。

1.幼龄椒的施肥

幼龄椒的施肥应以含氮较多的速效水肥为主，配合迟效的有机肥和少量化肥，贯彻勤施薄施，生长旺季多施的原则。

定植20天，植株恢复正常生长，开始施0.5%的复合水肥，每株3千克，以后每隔20天施腐熟稀薄的人畜粪尿和绿叶沤制的水肥，一龄椒可直接淋施于椒头，每担水肥施16株。二龄椒每隔20～30天施水肥一次，在植株椒头正面和两旁三面轮流沟施，每担水肥施

8～12株。三龄椒每月施一次，在椒头正面、对面和两旁四面轮流施，每担施6株，肥料浓度亦可加大些。植株每次割蔓后和三龄椒每次施肥都加复合肥0.1～0.05千克，肥穴干后撒施于肥沟中。冬季来临前加施硫酸钾0.05千克。幼龄椒每2个月喷施含钾量高的多种元素叶面肥一次，亦可结合防虫加杀虫剂一起喷施。温度低、地温高、土壤干旱都不宜施肥，雨后土壤太湿也不宜施肥。

　　施肥挖好肥沟很重要。除一龄可直接淋施于椒头之外、二、三龄椒一律在植株各个方位挖沟轮流沟施,二龄在植株叶缘距椒头20～40厘米以外挖沟,三龄椒在叶缘距椒头30～50厘米以外挖沟,肥沟长约80厘米,深约5～10厘米,以水肥不流出肥沟为适度,肥沟一定要水平,绝不能一边高一边低,这样肥料才能均匀地遍布于肥沟中,否则易造成肥害。施肥干后立即盖土或盖草,如盖草,肥沟要挖深些,约15～20厘米。

　　此外,红壤土植椒,幼龄椒一般不宜施化学氮肥。

　　各龄椒每年要施1～2次有机干肥。以春季或秋季末期施为宜。切忌在雨季或高温干旱季节施干肥,在椒头正面和两侧轮沟施。一龄椒在植后6～8个月,在椒头正面沟施。距椒头50厘米处挖沟,使肥沟和植穴相连通。二、三龄椒在植株两旁挖沟施,肥沟距椒头40厘米,使肥沟、植穴和前次肥沟相连通。各次肥沟规格为长80～100厘米,宽30厘米,深70～80厘米,肥沟上下规格一致,即一样大小。有机肥要求充分腐熟、干净、细碎、混匀。每次施有机肥约25千克,饼肥1～1.5千克,钙镁磷1～1.5千克,施时以三成肥七成土的比例混匀后施于肥沟中压紧。在施肥回土与地面平时,每肥沟撒施复合肥0.05千克,然后再回土,并稍高于地面,以防肥穴下陷积

水。施有机肥应在胡椒植株封顶放花前完成。在高温干旱季节和下雨土壤太湿时，不宜施肥。

2.结果树施肥

结果树施肥应以氮、钾为主。根据胡椒植株营养生长和开花结果各个物候期对养分的需要进行。每个结果周期施肥4～5次，既要满足植株开花结果的需要，又要养好树，使植株生势旺盛，才能高产稳产。红河州主要植区的经验每年每株的施肥量大致为：牛粪堆肥30千克，水肥（人畜粪尿沤肥）50千克，尿素0.25千克，钙镁磷肥1千克，硫酸钾0.4千克，复合肥1千克。

（1）第一次重施攻花肥：这次施肥对促进开花结果有着重要的作用。一般在采果完后1个月下透地雨，大部分植株中部枝条侧芽已有萌动时，就要及时施肥。时间大约在8月中下旬。施肥量约占全年用量的1/3，每株施腐熟的有机肥15千克，钙镁磷肥0.5千克，水肥10～20千克，饼肥0.5千克（沤水肥或与有机肥混堆），复合肥0.3千克，尿素0.15～0.2千克，硫化钾0.15千克。在植株两侧及后面挖"马蹄形"环沟施下，肥沟离树冠15厘米，宽20厘米，深15厘米。先施水肥，水肥干后施复合肥，接着施有机肥，尿素和氯化钾施于有机肥上面后盖土。过磷酸钙与有机肥混合施。

（2）第二次辅助攻花肥：在第一次施肥后1个月左右施下，以补足植株生长和抽穗开花的需要，每株施水肥10千克，如植株抽生的新叶小，花穗短时，每株加施尿素0.15千克。

（3）第三次养果肥：在第二次施肥后2个月施下，满足果实生长发育的需要。这次肥料以氮、钾为主。每株施水肥10千克，豆饼0.25千克（沤水肥施），复合肥0.25千克，尿素0.15千克，硫化钾0.15千克，镁肥0.1千克。第二、三次施肥是在第一次肥沟上面或外缘轮沟浅施，先施水肥，后施化肥。这次施肥后，亦可以施火烧土，每株10～15千克或草木灰2～3千克，在土表沿树冠撒施，施后浅松土。

（4）第四次养果养树肥：翌年3～4月施下。结果少，生势旺的植株，可以不施或少施和迟施，结果多，停止抽新梢的应早施多施。一般每株施牛粪或堆肥20～30千克，钙镁磷肥1千克，氯化钾0.1～0.15千克，豆饼0.25千克（与牛粪混堆），复合肥0.2～0.3千克，尿素0.1千克。在植株后面、两旁和四株间轮流穴施。挖穴长80厘米，宽30厘米，深30～40厘米。先施有机肥，以4：6

的比例与表土混匀后施下回土，当穴快填满时，才施各种化肥，再继续回土压紧。结果多，长势差的植株还要多施一次水肥，每株10千克，尿素0.1千克。

此外，胡椒植株生长需要的微量元素，可采用根外追肥的方法施用。红壤土地区结合松土，每株撒施石灰0.5千克，增加钙肥和中和土壤酸性，对胡椒生长和结果都有利。

3.胡椒施肥应注意的一些问题

（1）胡椒施肥应以有机肥为主、化肥为辅，两者配合使用。有机肥要求充分腐熟、干净、细碎，施时要按比例与表土充分混匀。过磷酸钙最好与有机肥混施，结果树最好用钙镁磷肥，其他化肥干施。

（2）中、小椒园少数生长比较差的植株要多施有机肥，进行深翻改土，勤施水肥，使椒园植株生长平衡。结果植株施肥，长势旺盛的植株，要适当控制施氮肥，多施磷、钾肥，相反长势较差的植株，要多施氮肥，这样才有利于开花结果。

（3）施攻花肥后，如遇不良天气，如下雨少开花很少，或花被台风吹掉所余不多，应将零星花穗摘除，重新施攻花肥，促进再开花。

（4）雨天土壤湿度大时，一般不宜施肥，有瘟病发生也不要施肥，以防止土壤板结和传播病害。

（5）土温高，土壤干旱都不要施肥。

（6）每次施肥，全椒园都要在同一方位挖沟施，避免漏施或重施。

（四）排水和灌溉

胡椒怕渍水。在雨季，椒园水位上升或积水，会引起水害和瘟病，使植株大量死亡。因此必须做好椒园的排水工作。每年雨季来临前要认真检查，维修和疏通排水沟。下大雨时，发现椒园地面积水应及时排除。在干旱季节，土壤水分缺少，影响胡椒正常生长和开花结果，甚至枯死。因此，在干旱季节应及时灌水，最好采用喷灌，起畦栽植，也可进行沟灌。沟灌水位不能超过垄沟的2/3，让其慢慢渗透。采用人工淋水时，要提前做好"水斗"，防止水分外流，一般不采用淹灌，防止水害或病害传播，切忌土温高时淋水。

（五）土壤管理

（1）松土：幼龄椒园立冬后和春季在植株间各深松土一次，雨后和施肥时浅松土，使土壤疏松通气，保蓄水分，以利幼龄椒的生长。结果椒园在每年立冬和施攻花肥时各进行全园松土一次。先在树冠周围浅松，后逐渐往树冠外围行间深松土深度15~20厘米。松土时要将大的土块略加打碎，并结合维修梯田和椒垄。

（2）培土：可改良土壤，利于根系生长，避免椒地积水，减少病害的发生。因而是防病增产和延长胡椒经济寿命的有效措施，每年或隔年在冬、春季培土一次。每次每株培土1~2担，培土时先清除树冠底下的枯枝落叶，然后将肥沃的表土均匀地培于椒头和树冠下面。

（3）覆盖：实践证明，覆盖对胡椒植株的生长和增产都有明显的效果，有条件的地方，幼龄椒园和易受旱的结果椒园，可在旱季初期用椰糠、稻草、茅草、干的杂草和树叶进行覆盖，但应注意防火。

（4）除草：必须根据杂草的生长情况，及时铲除。一般1～2个月锄草一次，也可用化学除草剂除草，如草胺膦、百草枯等（切忌不能用草甘膦或二甲四氯钠），可灭除椒园中的香附子和茅草等。

第三篇　胡椒病虫害防治

一、病害

据国外报道，在胡椒生长发育的各个时期，有近50种病原物参与为害胡椒，包括真菌、细菌、病毒、线虫和藻类。根据1992年华南五省区热带作物病虫害调查结果，我国胡椒有31种病害，其中主要病害有胡椒瘟病、胡椒细菌性叶斑病、胡椒花叶病、胡椒枯萎病、胡椒根结线虫病，次要病害有炭疽病、根腐病（红根腐病、褐根腐病、紫根腐病）、菌核病、藻斑病等。

（一）胡椒瘟病

胡椒瘟病亦称胡椒基腐病、速衰病、黑水病，是世界胡椒种植区最重要的胡椒病害。1926年在印度桑德腊曼首次发现，以后在印度尼西亚、马来西亚、柬埔寨和南美与非洲的一些国家相继发生。在马来西亚的沙捞越州多次发生，造成胡椒大量减产和重病椒园被迫荒弃。此病在红河州胡椒种植区发生严重。

1.症状

胡椒植株的根系、主蔓基部、枝蔓、叶、花、果都受侵害。以主蔓基部（称为胡椒头）受害造成的损害最大，常引起整株胡椒萎蔫和死亡。在主蔓基部离地面上下20厘米已经木栓化的部位受害，染病初期外表无明显症状，当刮去外

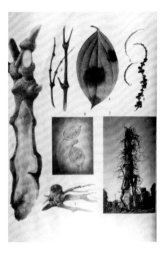

表皮时可见内皮层变黑，木质部呈浅褐色。纵剖主蔓见到木质部导管变黑，有褐色条纹向上下蔓延，病健交界处不明显。后期，外表皮变黑、腐烂、脱落，从腐烂的木质部流出黑色液体（黑水病因此得名），中柱分裂成一束松散

的导管纤维。挖检病株，可见接近染病地下主蔓处的根系染病、变黑、腐烂，逐渐向根尖扩展，而下层其他根系尚未受害，这与胡椒水害、肥害先从根尖开始坏死，以后大根腐烂的症状有明显区别。主蔓基部染病腐烂的植株，整个叶蓬变得无光泽，叶色暗淡，呈失水状，叶片凋萎和脱落。如天气干热，这类病株可在几天之内骤然青枯，最后和嫩蔓一起转为黑色，枯死的嫩蔓可一节一节地脱落。

在植株下层枝蔓上的叶片最先感病，开始为浅褐色或灰黑色水渍状斑点，斑点迅速扩大成黑褐色、圆形病斑，边缘呈放射状扩展，轮廓不明显，环境潮湿时在病叶背面长出白色霉状物，即病菌的菌丝和孢子囊。气候干燥时霉状物消失，病斑变成灰褐色，病叶最后脱落。嫩枝蔓染病皮层产生水渍状、墨绿色病痕，重病时一节一节的脱落。花序和果穗染病一般由顶端开始，产生水渍状斑，以后变黑、干枯。

2.病原

病菌是真菌，学名为辣椒疫霉和寄生疫霉。属藻状菌亚门，霜霉目。在中国胡椒种植区这两种疫霉菌的出现率大致相等，都是胡椒瘟病的主要致病菌。

3.侵染循环

胡椒瘟病除了在病组织内存活外，也可在土壤中存活较长时间。同时还可寄生在多种植物上，因此，田间病株及其残体、带病土壤和其他感病的寄主植物是此病的最初侵染来源。病菌借种苗的调运做远距离传播；在田间通过流水（径流、灌溉水）、风雨以及人、畜的活动而传播。据国外报道，大蜗牛、蚂蚁取食病组织后也能传病。病菌可以从寄主的自然孔口和伤口以及幼嫩的组织侵入。潜育期长短与寄主器官老嫩有关，在木栓化的胡椒蔓上接种，潜育期较长（15～20天），在嫩茎、嫩叶上接种，潜育期较短（2～5天）。发病过程：

①中心病株阶段。在新发病的胡椒园里，个别植株贴近地面的少数叶片先感病或出现个别病死株，并以此病株为中心逐渐蔓延到邻近健株，即为中心病株阶段。

②普遍蔓延阶段。中心病株出现后，若不及时防治，感病叶片大量脱落，使土壤中的病菌不断累积。并随着风、雨、流水从中心病株向四周传播，使许多植株的部分叶片、花、果穗、嫩蔓感病，病株率迅速上升。在此阶段，地上部分受侵染的植株，其主蔓基部和根部尚未表现受害症状。

③严重发病阶段　经过普遍蔓延阶段，大量植株地上

部分的各种器官普遍感病并产生大量病菌，进一步增加了土中菌量。在此阶段，病菌蔓延快，病情严重，多数病株由于整个基部受到侵染而迅速凋萎，发病率和死亡率很高。

④病情减缓阶段。经过严重发病阶段，病株大量死亡。而后随着干旱季节来临，病情减缓。此阶段病菌在病株体内扩展缓慢，病株地上部分各器官不再出现新病斑。

4.流行规律

胡椒瘟病的流行与胡椒园的土壤类型、地形地势、栽培措施及当年的降雨情况有密切关系。一般土壤黏重、排水不良或低洼积水处发病早、病害重；反之土壤沙质、排水良好的病害轻。椒园集中，又无防护林，或换柱绑蔓时扭伤椒头，或雨天在病园除草，或不及时清除病株和喷药预防的胡椒园，在多雨年份，特别在台风多的年份常易发生流行。本病在一年中发生的流行大致可分为中心病株（区）阶段、普遍蔓延阶段、严重发病大量死亡阶段和流行速度下降阶段。每年3~4月开始在少数植株上发病，8~11月是瘟病流行时期。

5.防治方法

为控制胡椒瘟流行须采用农业措施和药剂防治相结合

的综合防病措施。

（1）胡椒种植地的选择：胡椒尽量选择在缓坡地上种植，这种地块不易积水，且光照好、通透性好，有利于根系生长，减少病害的发生。若在平地上种植，一定要挖好排水沟。胡椒不宜成片种植，每个椒园面积以10亩左右为宜，四周要有隔离带（可种玉米、高粱等），否则病害一旦发生难以控制。

（2）不用带病苗木：不要从病区、发病严重的地区引进苗木；不要从无苗木培育资质的公司购苗。

（3）改变施肥观念

①有机肥。改良土壤，使用腐熟的有机肥，并加适量的生物菌肥，使用前对有机肥进行杀虫、灭菌处理。

②化肥。要薄肥勤施，增加磷钾肥使用量，补充钙肥（以硝酸钙、钙镁磷肥为主，少用普通过磷酸钙，以免土壤板结）和微量元素肥（硼、锌、铁、钼等）

③叶面肥。叶面配合杀虫、杀菌，喷施氨基酸、黄腐酸等营养性叶面肥，增加胡椒的抗病能力。

（4）椒园除草：不用伤害胡椒根系的除草剂，如二甲四氯钠、草甘膦、草胺膦等；若需化学药物除草，应尽量使用对胡椒根系没有伤害的百草枯（目前仅有南京红太阳生物化学有限责任公司生产的胶剂可以使用）。使用时定向喷雾，尽量不要喷洒到胡椒植株上，以免对胡椒造成伤害。

（5）药剂防治

①病死株处理和土壤消毒。对病死植株先进行药物

（和消毒药剂一样）消毒，无菌处理后再挖除，运出园外烧毁或深埋，病穴土壤要挖开暴晒或进行土壤消毒。消毒药剂主要有：50%氯溴异氰脲

酸600倍液，高锰酸钾300倍液，硫酸铜100倍液。

②叶面喷药。在每年2～11月间进行，间隔20天左右一次，病情重时缩短用药时间、增加用药品种，共用2～3种即可。主要药剂有：1.8%辛菌胺醋酸盐500倍液，50%氯溴异氰脲酸800倍液，32%唑酮乙蒜素800倍液，80%福·福锌500倍液，99%恶霉灵2000倍液，70%甲基硫菌灵800倍液等。

③灌根。在雨季来临前进行，根据病情使用2～4次，药物主要选用上述叶面喷施药物中的2～3种，另加黄腐酸和芸苔素即可。

（二）胡椒细菌性叶斑病

胡椒细菌性叶斑病是胡椒种植区的重要病害之一。此病在红河州发生普遍而且严重。近几年在红河州绿春县大面积流行，重病植株叶片落光，枝蔓干枯而失去生产能力，直至整株死亡，给胡椒生产造成严重经济损失。

1.症状

此病在各龄胡椒园均有发生。以大、中椒发病较多，

叶、枝、蔓、花序和果穗均受害，主要侵害老熟叶片。叶片染病初期产生水渍状病斑，几天后变成紫褐色、圆形或多角形病斑。病斑扩大，或多个病斑汇合成一个灰白色大病斑。病健交界处有一条紫褐色分界线，边缘有一黄色晕圈。在潮湿条件下叶背面病斑上出现细菌溢脓，干后变成一层明胶状的膜。枝蔓受害时病菌多从节间或伤口侵入，呈不规则形紫色病斑，剖开病枝可见导管

变色。果穗染病初现紫褐色圆形病斑，后整个果穗变黑。叶、枝、花、果重病时均易脱落，而只剩下光秃的主蔓，最终主蔓也变干、枯死。

2.病原

病菌是细菌，学名为蒌叶叶斑病黄单胞菌。菌体为短杆状，末端钝圆，大小为0.4～0.7微米×1.0～2.4微米，单个或成双排列，有的3～5个排成短链，革兰氏染色呈阴性反应。无芽孢，无荚膜，单根鞭毛顶生。牛肉膏蛋白胨琼脂培养基上培养7天，菌落圆形，直径1～2毫米，表面光滑，边缘完整，乳酪状，稍凸起，半透明或不透明，有乳白带，无荧光色素。

3.侵染循环

本病在胡椒园内整年都存在。病组织上的干的细菌溢脓遇水溶解，借风雨吹送或水滴溅射传播，昆虫、人员

作业也能传病。该菌通过伤口或自然孔口侵入。潜育期10~14天。

4.流行规律

在一年中，旱季雨水少，相对湿度低，田间只有零星病叶；雨季开始雨水增多，相对湿度高，露水大时，大量

出现新病斑。病斑扩展迅速，一般在一次较大降雨过程后一个月左右会出现一个发病高峰，如出现短时期干旱，新侵染的病叶明显减少，病情下降，表现为一年内有多个发病峰期。降雨和高温是本病发生流行的主要条件，特别是台风雨的袭击给胡椒植株造成的大量损伤有利于病原细菌的传播和侵入，如果风后又遇到连续降雨，本病就会流行发生。

在土壤黏重、排水不良、株行距过密、空气湿度高的胡椒园容易发病。在没有防护林的胡椒园，特别在迎风面的植株发病严重。

5.防治方法

（1）搞好胡椒园规划和基本建设　椒园不要过分集中，面积3~5亩为宜，四周种好防护林，挖好椒园内外的排水沟。

（2）种植无病苗　严禁从病区引进种苗，培育和种植无病胡椒苗。

（3）定期查病，及时消灭中心病株　雨季到来前应将园内感染细菌叶斑病的病叶全部摘除并集中烧毁，下雨后要及时检查，发现病株，及时摘除病叶，并用50%氯溴异氰脲酸1000倍液，或1.8%辛菌胺醋酸盐500倍液或

40%三乙膦酸铝（乙膦铝）可湿性粉剂600倍液喷射病株及其邻近植株，病株的地面要同时喷药消毒，连续喷施几次。对重病植株病叶太多、人工摘除困难的，可喷施1%硫酸铜液促使整株叶片脱落，然后增施肥料、适当遮阴，使其恢复生长。有些落叶严重，顶端枝蔓裸露的重病株，也可将上部枝蔓全部切除，留下1/2植株，然后增施肥料和加强抚管。在流行期对发病椒园可定期喷施波尔多液或乙膦铝药液，10~14天一次，连喷几次。

（三）胡椒花叶病

胡椒花叶病亦称胡椒病毒病，是胡椒的重要病害之一。我国云南、海南、广东、广西、福建等省（区）的胡椒园普遍发生此病。染病植株的株型矮小，生长势衰弱，其生长量只及正常植株的1/2~1/3，重病园的病株率高达80%~90%，造成干胡椒产量损失27~43%。

1.症状

本病一般表现两种类型的症状。一种是植株矮小，主

蔓节间缩短、叶色斑驳、花叶、叶片皱缩、变厚、变小、变窄、畸形、卷曲，果穗短、果粒小且少、产量低；另一种是植株高度和叶片大小接

近正常植株，只是顶部嫩叶变小或叶色浓淡不均，表现为普遍的花叶症状。

2.病原

病原是病毒，学名为黄瓜花叶病毒。该病毒的质粒球形，直径为27~30毫米。黄瓜花叶病毒的寄主范围非常广泛，包括花卉、庭院树木、杂草等在内的一些双子

叶植物和单子叶植物。已知侵染胡椒的黄瓜花叶病毒也能侵染假蒟、蒌叶和假酸浆。

3.侵染循环

此病主要借带毒的插条（种苗）传播到新植的胡椒园。也可通过嫁接和蚜虫在椒园内传播。棉蚜和绣线菊蚜是胡椒花叶病的两种主要传毒介体。据报道，棉蚜和绣线菊蚜不能直接传毒给胡椒植株使其发病，而是要经过中间

寄主假酸浆才能传病。已经证明机械汁液接触不传病。

4.发病规律

由于胡椒生产主要靠用无性繁殖的插条苗作种苗，因此种有病园植株的切蔓繁殖的种苗，发病早且严重。一个椒园花叶病的流行强度与所用带毒种苗的数量有密切关系。另外，花叶病的发生与气候条件关系密切，特别是高温干旱期间割蔓繁殖，植株的生长和新梢抽发缓慢，加上高温干旱期蚜虫的发生数量多，有利于此病的传播、蔓延。

5.防治方法

（1）加强产地检疫：严防病区繁育的种苗传入新的胡椒种植区。即使在有病地区，也不得从病株上切取枝蔓繁育种苗。

（2）注意抚育管理：定植胡椒前要施足基肥，植后要定期追肥，新植园要经常检查及时补插荫蔽物，直到幼苗的枝蔓能荫蔽椒头时（约在第二次整形割蔓后），才能除去荫蔽物。割蔓，特别是植后第一次割蔓，宜在雨季的阴天进行，以利新枝蔓能快抽出和生长健壮；要避免在高温干旱天气割蔓。

（3）清除病株：植后1～2年的幼龄期应定期检查，发现有花叶症状或矮缩的病株应挖除烧毁，然后及时用健壮种苗补植。成龄结果椒株如有表现明显花叶症状的枝条，应剪除病枝、增施水肥，以促使新梢抽发。

（4）治蚜防病：在干旱季节和嫩梢多、有利蚜虫发

噻虫嗪

有效成分含量:25%

剂型:水分散粒剂

生和传病时期，在蚜虫发生季节可喷施10%吡虫啉水分散粒剂2000倍液，或25%噻虫嗪水分散粒剂1500倍液等杀蚜虫药剂，铲除传毒蚜虫以控制花叶病蔓延。发现病株可采用以下方法处理：胡椒割蔓后应及时采用甲基托布津30克、农用链霉素一瓶、啶虫脒一小包、病毒A 30克、绿乳铜50毫升兑水15千克进行喷植株，隔10天喷一次，连喷2~3次。已感花叶病株，应将病部枝叶下一个节全部切除后再喷药。

（四）胡椒枯萎病

胡椒枯萎病又名慢性萎蔫病、慢性衰退病、黄化病，是仅次于胡椒瘟病的一种重要病害。20世纪20年代末、30年代初在印度尼西亚的邦加岛发生严重的黄化（枯萎）病，损失胡椒2200万株，损失率90%。印度因枯萎病损失10%的胡椒植株，圭亚那损失30%，在马来西亚、文莱也造成严重损失。在巴西由腐皮镰刀菌引起的胡椒枯萎病比胡椒瘟病造成的损失更严重，是巴西胡椒生产中的第一大病害。近10年来，在红河州绿春县骑马坝、半坡等乡镇的一些胡椒园，也先后发生了胡椒枯萎病，多数是在结果的胡椒园发生，其分布地区比胡椒瘟病更广泛，其造成的胡椒植株的损失达5%~15%，并有逐年增加的趋势。

1.症状

染病植株的一般表现是叶子褪绿、变黄、生势不旺、植株矮缩，严重时整株呈萎蔫、衰退状。病株的地上部分，开始是部分叶片失去光泽、逐渐变黄，随后出现大多数叶片变黄；部分黄叶萎蔫、下垂、脱落、嫩枝回枯，花穗干缩；最终整株萎蔫、死亡。病株的地下部分，先是小根变色、腐烂，或靠近地表的茎基部略微变色，维管束开始变褐色；进而是侧根变黑、坏死；严重病株茎基部和主根腐烂、死亡，潮湿时在茎基部长出粉红色霉状物。

胡椒枯萎病与胡椒瘟病的区别在：有的胡椒瘟病病株虽然也出现黄叶、萎蔫症状，但整株死亡迅速。而胡椒枯萎病从部分叶子变黄、萎蔫到整株死亡常持续半年到几年时间。有的枯萎病植株表现为地上部一半枯死、而另一半仍存活，呈缓慢的衰退症状。胡椒瘟病株多半发生在离地面上下20厘米范围的主蔓上，接近染病地下主蔓处的根系染病、变黑、腐烂，逐渐向根系扩展，此时下层根系尚未

受害；而胡椒枯萎病最先传染小根，以后逐渐向上蔓延。

2.病原

病原是真菌，学名为腐皮镰孢和尖镰孢二种镰刀菌。有人报道镰刀菌和线虫复合侵染引起的胡椒枯萎病更为严重。

3.发生流行条件

气候及土壤因素均会影响病害发生。高温、干干湿湿的气候有利于本病的侵染和扩展。土壤pH在6以下，沙土或沙壤土、肥力低、排水不良、土壤结构疏松、下层土渗透性差以及线虫发生数量较多的田块，均有利于本病的发生。

4.防治方法

（1）注意选择种植地，做好胡椒园排灌系统，既防土壤积水、也防土壤干旱。

（2）选用无病健苗种植。

（3）合理施肥、施足基肥，增施有机肥，不偏施化肥。栽种时的底肥、特别是火烧土不要与根系接触；追肥时要用腐熟的有机肥以免发生肥害。

（4）线虫数量多的胡椒园应施用杀线虫剂，减少线虫伤根、降低枯萎病发生率。

（5）对枯萎病初发病株喷施和淋灌甲霜·恶霉灵600倍液，每隔7～10天一次，连用3次。或淋灌40%多菌灵与福美双1：1：500倍液。

（五）胡椒根结线虫病

胡椒根结线虫病分布广泛，是世界胡椒产区的重要病害之一。我国云南、海南、广东、广西和福建各胡椒种植区都有此病发生。被害植株的根系受到破坏，地上部出现生长停滞，节间变短，叶片无光泽、变黄、萎蔫，落花落果，甚至整株死亡，幼龄胡椒受害尤为严重。

1.症状

胡椒的大根和小根都能被根结线虫寄生。根结线虫侵害根部，多数开始从根端侵入，在受害部位形成不规则形、大小不一的根瘤，多数呈球形。如果幼根生长点未遭侵害而继续生长时再受侵害而产生根瘤，常使被害根上的根瘤呈串球状。

初形成的根瘤呈乳白色，后变成淡褐色或深褐色，最后呈黑褐色。旱季根瘤干枯开裂，雨季根瘤腐烂。

2.病原

胡椒根结线虫病的病原为根结线虫属的南方根结线虫和爪哇根线虫。该属线虫雌雄异体，世代重叠，终年均可为害。

（1）雌虫：外形似梨状，有突出的"颈部"及膨大呈球形的"胴部"。体长0.8～1.0毫米，直径0.6毫米左右，固定生活于根瘤中。

（2）雄虫：体细长，呈鳗状，具线虫标准形式。体长1.0～1.5毫米，暂时营游离生活于土壤中。

（3）幼虫：第一龄幼虫初孵化时暂在卵囊内，不久从卵囊端部外出，鳗状、无色透明，活动频繁，营暂时游离生活，能对寄主根部进行侵入。第二龄幼虫是第一龄幼虫侵入寄主根部组织后，即时脱皮而形成。第二龄幼虫性器官逐渐发育完善，"胴部"逐渐膨大形成梨状雌成虫，另一些雄性幼虫变成鳗状的雄成虫。

（4）卵：卵椭圆形或卵圆形，长径0.09毫米，短径0.04毫米，无色透明，卵在卵囊内排列整齐，多数是纵行排列。

3.根结线虫病的发生和流行

根结线虫分布广泛，寄主植物很多，据报道根结线虫的寄主有1700多种。在红河州除为害胡椒外，还侵害香蕉、菠萝、番木瓜、番石榴、甘蔗、茶树、咖啡、可可、香茅、西瓜、辣椒、茄瓜、丝瓜、苦瓜等等，因此在种过根结线虫寄主植物的土地上种胡椒容易发生胡椒根结线虫病。在红河州土壤中终年都可找到根结线虫的第一龄幼虫，因此，寄主植物的被侵染也是终年发生的。第一龄幼虫大多集中在寄主根系范围内及根周围土壤中。根结线虫病的发生和流行与土壤类型、气候和栽培管理等有关。一般在通气良好的沙质土中发生较严重，栽培管理差，缺乏肥料特别是缺乏有机肥，土壤干旱的椒园易发生，在旱季寄主地上部症状表现更明显、严重。

4.防治方法

（1）选地：避免选用前作（寄主）感病的地段培育胡椒苗或种植胡椒。选用无病种苗。

（2）深翻土壤：开垦的胡椒园，在干旱季节将土壤深翻40厘米以上，反复翻晒2～3次。在近水源处，也可引水浸田两个月以上，排干水后再整地种胡椒。

（3）加强抚育管理：进行厚覆盖，多施腐熟的有机肥，采用深穴施肥，把胡椒根系引入到40厘米以下的土层。如果胡椒在

苗期和幼龄期能得到良好的抚育管理，根系发达，长势旺盛，能增强植株对线虫的抵抗力，只要渡过幼龄期，成龄植株即便有根结线虫侵害，仍能正常地生长发育和结果。在抚管过程中须适当施用磷、钾肥。

（4）化学防治：通过施用适当的杀线虫剂或土壤熏蒸剂，如二溴氯丙烷熏蒸土壤、或用噻唑膦、阿维菌素、克线磷、涕灭威、丁硫克百威、米乐尔等处理土壤，可以收到一定的防治效果。最近新开发的一种杀线虫剂"杀线灵"在防治辣椒、香蕉上的根结线虫病取得较好的防治效果，也可用来防治胡椒根结线虫病。

（六）胡椒炭疽病

胡椒炭疽病是一种分布广、又常见的胡椒病害。在云

南、海南、广东、广西、福建所有胡椒种植区的每个胡椒园都有发生。主要侵害胡椒叶片，严重时引起大量落叶而影响生产。

1.症状

嫩叶染病初期产生暗绿色水渍状斑点，后病叶变黑、焦枯，严重时落叶。在老叶上多数在叶缘和叶尖产生灰褐色，后变成

灰白色的圆形或不规则形的大病斑，外围有黄晕，病斑上有众多小黑粒，常排列成同心轮纹。

2.病原

为真菌，学名盘长孢状刺盘孢，胡椒刺盘孢，属半知菌亚门，黑盘孢目。分生孢子盘多在叶面斑上散生，直径100~250

微米。盘内有刚毛和短小的分生孢子梗。分生孢子单生，无色，椭圆形或圆筒形，有油点，大小为12.2微米×4.0微米。有性世代为围小丛壳。该菌生长的最适温度25~30℃。分生孢子萌芽需要水和较大的湿度。寄主范围

广泛。

3.侵染循环

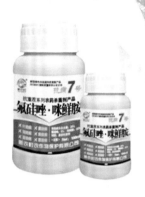

植株上的病叶或落地叶片提供侵染菌源，病菌孢子借风雨传播。落在叶面上的孢子在高湿条件下萌发、侵入，潜育期3～6天。新的病叶又产生孢子，再散播危害，一年内有多次的再侵染。

4.发病条件

此病整年发生，在高温多雨季节流行。生长势差的植株或受风害损伤的叶片发病严重。

5.防治方法

加强施肥管理，增强植株抗病力。

流行期喷施1%波尔多液，或50%多菌灵可湿性粉剂1000倍液、或75%百菌清可湿性粉剂600倍液，或40%福星（氟硅唑）乳油8000倍液，或25%丙环唑乳油5000倍液，或30%苯醚甲·丙环乳油5000倍液，65%代森锌可湿性粉剂500倍液，80%大生M-45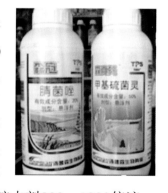可湿性粉剂800倍液，50%代森铵水剂800～1000倍液，70%甲基托布津可湿性粉剂800～1000倍液，或80%炭疽福美可湿性粉剂500～800倍液。每7～14天一次，连续喷施2～3次，可以控制此病的流行。

（七）胡椒根腐病

1.症状

染病植株的地上部呈现生长停滞，叶片失绿、黄萎、

脱落，严重时整株死亡。病株的根部（地下蔓和根）的表面有菌索、菌膜。根据受害根部的菌索、菌膜的颜色和形态特征可区分为红根腐病、褐根腐病和紫根腐病。

（1）红根腐病：受传染的根部，表面粘有一层泥沙，用水洗湿根部和洗去泥沙后，可以看到根表有层红色至枣红色菌膜。

（2）褐根腐病：病根表面粘着泥沙，凸凹不平、不易洗脱，其间有铁锈色绒状菌丝体和黑褐色薄而脆的菌膜，削去皮层，在木质部有蜂窝状褐纹。

（3）紫根腐病：在主蔓基部，常见有紫色松软如海绵状的菌膜（子实体）紧贴着，病根表面不粘泥沙，但有密集的深紫色菌索覆盖着。

2.病原菌

为三种担子菌，分别为灵芝菌、层孔菌和卷担菌。

3.防治

（1）开垦胡椒地时，要彻底清除染病的树头和树根。

（2）不宜采用易感病树种（如木麻黄、台湾相思、厚皮树、凤凰木等）作胡椒支柱或防护林树种。如用木支柱，应剥去树皮，埋入地下部分要用火烧使其炭化，或用煤焦油涂刷，最好采用石柱或钢筋水泥柱。用过的旧支柱要经过处理再使用。

（3）病株处理。小心将病株椒头周围的土壤挖开，用小刀刮去病部、曝晒2～3天或涂抹杀菌剂，填回新表土。重病树刮治处理后要适当修剪地上部的枝蔓和叶片。

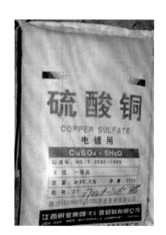

（4）药物防治。发病初期喷淋或灌枯草芽孢杆菌600倍液、40%多硫悬浮剂600倍液或50%甲基硫菌灵可湿性粉剂500倍液，隔10天左右一次，连续灌2～3次。

（八）胡椒线疫病

1.症状

病菌主要为害植株的低层叶片和枝蔓。枝叶感病后布满白色菌丝体。后期病叶变黑、干枯，脱落后被菌丝联结在一起悬挂在枝条上。

2.病原菌

为鲑色伏草菌。

3.防治方法

（1）清除染病枝蔓、叶片并集中烧毁。

（2）病株及周围植株喷施1%波尔多液。

（九）胡椒菌核病

1.症状

叶片受害后形成不规则形或多角形的黑褐色病斑，斑点较大，染病叶腐烂枯死，在病叶背面及枝条上，有白色蛛网状的菌丝体，菌丝体常将干枯的病叶和健叶粘连在一起。天气潮湿时在枯叶上产生一些直径不到1毫米的圆形褐色至黑色的小菌核。

2.病原菌

为立枯丝核菌。菌丝呈蛛网状，有隔膜，粗8~12微米，初期无色，呈锐角分枝，小枝与主枝连接处稍内缩，其上有横隔；老熟菌丝为黄褐色，呈直角分枝。

3.防治方法

①加强抚育管理，避免过于密植和荫蔽，适当修剪贴近地面的枝叶，清除田间的枯枝落叶。

②化学防治，喷施波尔多液、菌核净，多菌灵、代森锰锌、托布津等。

（十）胡椒藻斑病（又名红锈病）

1.症状

在被侵害叶片、枝蔓和果实上产生圆形、铁锈色的小斑点，其上长出红锈色毛毡状物，即寄生藻类的营养体和繁殖体。

2.病原

为寄生藻类。

3.防治方法

（1）加强抚育管理，增施肥料，清除胡椒园内的枯枝落叶，集中烧毁。

（2）喷施三乙膦酸铝、多菌灵、代森锰锌等有良好的防治效果。

二、虫　害

在国外胡椒植区有危害胡椒果实、叶片、茎节和根系的重要害虫，如胡椒蛀果象甲和胡椒蛀茎象甲，在我国胡椒上尚未发现。目前我国植区常见的胡椒害虫有粉蚧、盲蝽、蚜虫和刺蛾，给胡椒生产造成一定损失。

（一）粉蚧类

1.长尾粉蚧

（1）为害：该虫为害胡椒叶片及刚抽出的嫩梢，被害叶片长大后其上有持久的褪绿斑，幼小果实被害后停止生长、最后脱落。

（2）形态特征：该虫体长不超过3.5毫米，未对刺孔群有两根大的圆锥形刺及较多的三孔腺，有一条长于或等于体长的尾蜡丝，蜡丝向前渐变短，最短的几乎等于体宽的一半。

（3）发生规律：雌虫产卵于小卵囊中，若虫卵出后从卵囊爬出寻找合适的取食场所。20天后易于区分出雌、雄若虫，雄若虫聚集在一起，编织一个粗糙的茧，在其内变成具翅芽的静止不动的若虫，脱皮后具有十分发达的翅芽，约10～14天后，在茧中形成雄虫。雌若虫随着发育长大，分泌的蜡丝逐渐增多。该

长尾粉蚧

虫在胡椒叶上聚集成小群落，在红河州4～6月旱季该虫的虫口密度大。随着雨季来临虫体被真菌大量寄生，虫口密度大大下降。

（4）防治方法：①喷洒40%毒死蜱1000倍液+25%噻虫嗪1000倍液；②保护和利用瘿蚊、瓢虫等天敌。

2.桔腺刺粉蚧及臀纹粉蚧

（1）为害：这两种粉蚧为害胡椒嫩梢和果穗。

（2）形态特征：桔腺刺粉蚧的雌成虫卵圆形，外被白色蜡质分泌物。桔臀纹粉蚧的雌成虫长椭圆形或宽椭圆

形，虫体外被白色蜡粉。

（3）发生规律：
这两粉蚧在旱季发生较
多，雨季虫口密度显著
下降。开始发生时有中
心虫株，以后渐向四周
扩散，不适当的喷施杀
菌剂如波尔多液可引起
它们的发生。

（4）防治方法：①清除胡椒
园内及周边的野生寄生刺桐，也
不用刺桐作支柱；②喷射40%毒死
蜱1000倍液。

3.根粉蚧

（1）为害：该虫为害胡椒的
根部，它的若虫和雌成虫生活于
胡椒根部，胡椒植株受害后轻则
生势衰退、造成减产，重则烂根
整株死亡。

（2）形态特征：根粉蚧雌成
虫椭圆形，体长2.5～3.5毫米，宽1.2～1.5毫米，背稍隆
起，虫体呈紫色，但背面被白色蜡粉。雄成虫橄榄形，黄
褐色，长1.0～1.3毫米，宽0.3毫米。

（3）发生规律：此虫以若虫在胡椒根部湿润土壤中
越冬，翌年3～4月为第一代成虫时期，6～7月为第二代成

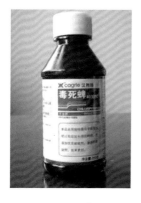

虫盛发期，世代重叠，一般完成一代需60多天，卵期2～3天，若虫期50天，雌成虫寿命15天，雄成虫寿命3～4天。一般喜欢在茸草及灌木丛生、土壤肥沃疏松、富有机质和稍湿润的胡椒地发生。主要靠蚂蚁传播。

（4）防治方法：将对二氯苯撒埋入植株根旁离土表5厘米的土中有一定防效。

（二）丽绿刺蛾

（1）为害：幼虫吃食胡椒叶片，造成不规则的缺刻，严重时可将叶片吃完。

（2）形态特征：成虫体长10～17毫米，翅展35～40毫米，翅绿色，胸部背面有一较大的褐斑，腹部及后翅黄色，前翅基部近前缘深褐色，近外缘有深褐色直线形阔带。卵椭圆形，扁平、光滑、淡黄绿色。幼虫体近长方形，老熟时体长约长25毫米，黄绿色，各节均生有四枚刺突，上生刺毛。蛹椭圆形，长约13毫米，茧壳坚硬，灰褐色。

（3）发生规律：此虫一年发生2～3代。卵期5～8天，幼虫共八龄历时27～53天，蛹期5～40天，成虫寿命3～10天。成虫具有较强的趋光性，卵产在叶背，聚生成块，呈鱼鳞状排列，上覆蜡质物。初孵幼虫具群集性，常数头聚集在叶背，从叶缘开始取食。老熟幼虫在藤蔓分叉处或在叶柄基部结茧化蛹，茧圆形、褐色。

（4）防治方法：①人工摘除虫茧。②发生期喷洒90%敌百虫2000倍液、或5%甲维盐3000倍液喷杀幼虫。

（三）腰果角盲蝽

（1）为害：腰果角盲蝽又名点腿锤角盲蝽、台湾刺盲蝽、茶蚊子。除为害胡椒外，还为害可可、腰果、番石榴、茶、红毛榴等。成虫和若虫吸食胡椒嫩梢及嫩叶组织，在被害部位产生多角形黑斑，最后呈干枯状。

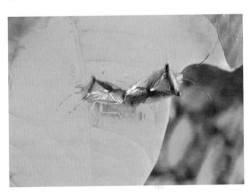

（2）形态特征：雌成虫体长6.0毫米，体宽1.5毫米，长形，土黄色，头小，后缘黑褐色。雄成虫虫体稍小，体长5.2毫米，体宽1.2毫米，前胸背板黄褐色。卵近圆筒形，白黄色，长0.9毫米，宽0.2毫米。若虫共五龄，第一龄体长1.4毫米，长形，体红色，第三龄体长2.8毫米，体红色带土黄色，第五龄体长5.2毫米、长形、体土黄色稍带红色。

（3）发生规律：成虫、若虫喜在隐蔽处休息，当受阳光照射时立即转移。

（4）防治方法：①抚管时合理修剪使植株不至于过分荫蔽。

②加强田间调查，及时除去带卵的枝叶，以降低下一代虫的密度。

③发生量大时可喷洒4.5%氯氰菊酯1000倍液，或90%敌百虫1500倍液加以防治。

（四）桔二叉蚜

（1）为害：桔二叉蚜又名茶二叉蚜，除为害胡椒外，还为害茶、咖啡、可可、腰果、香蕉、菠萝等多种作物。其成虫、若虫均吸食胡椒的嫩梢、嫩叶及果的汁液，造成叶片卷

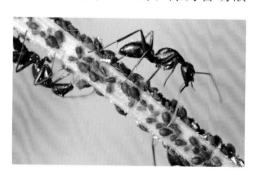

曲、皱缩，嫩梢枯死，并诱发煤烟病。

（2）形态特征：有翅胎生雌成虫，体长1.6毫米，黑褐色，翅无色透明。无翅胎生雌成虫，体长约2毫米，近圆形，暗褐色或黑褐色。有翅雄蚜和无翅雄蚜均与它们的雌体相似。若虫外形与成虫相似，体长0.2～0.5毫米，无翅，浅棕色或淡黄色。

（3）发生规律：该虫一年发生10余代，以无翅蚜或老若虫在胡椒上越冬，次年3～4月开始取食为害嫩梢嫩叶。25℃左右和少雨是其最适宜的环境条件。雨水过多或气候干旱均不利于它的发生。

（4）防治方法：

①桔二叉蚜有多种重要天敌，应很好地加以保护和利用。

②在冬春大量发生前或初发生时，喷施40%硫酸烟碱800～1000倍液，加入0.3%的肥皂可增加防效。在蚜虫大发生，可喷施2.5%功夫乳油5000～7000倍液，24%灭多威（万灵）水剂1000～2000倍液，或5%啶虫脒乳油1000倍液等。

三、生理性病害

胡椒的生理性疾病包括各种营养元素的缺乏症、肥害、水害等生理异常现象。由于这类生理性疾病的表现常常容易与侵染性病害的症状相混淆，从而影响正确诊断这些病害的病因和影响采取有针对性的防治措施，以致影响到防治效果，因此，认识和掌握这类生理疾病的不同表现很有必要。

（一）营养缺乏症

（1）缺氮：抽梢时缺氮，叶色变黄绿色，叶小、梢短、花穗短、稔实率低。叶老熟后缺氮，叶片均匀褪绿，常提早脱落，果实变小、早熟。但是氮素营养过量时，枝

条徒长，叶片肥大，花穗发育不良、花量少，有时生理落果严重。

（2）缺磷：刚老熟叶青绿色至暗绿色，后来叶尖和叶缘坏死，根系生长不良，花穗发育不正常。

（3）缺钾：较老叶尖端和叶缘组织坏死，质地变脆，还会发生枯顶现象。但钾素过量常引起植株缺镁。

（4）缺镁：较老叶的叶缘、叶尖浅黄色，叶脉间变黄，主脉保持绿色，以后小脉间有坏死斑点，坏死斑点扩大汇合成坏死斑块。叶片脱落。缺镁植株落叶严重，只在枝条顶端有少量未成熟的缺绿叶片，果变小，落果，甚至出现枝条回枯脱节。高产胡椒园容易缺镁，可施用钙镁磷肥或硫酸镁加以防治。

（5）缺钙：较嫩叶片边缘褪绿，其上出现许多细小的棕色坏死斑点，坏死斑扩大，每个斑点周围有黄色晕圈。叶片背面主脉间有棕色坏死区，叶片过早脱落。有时蔓尖出现回枯。

（6）缺锰：嫩叶脉间褪绿，后褪绿区由浅黄色变成棕黄色，叶脱落。

（7）缺硫：嫩叶浅绿至银白色，后转为均匀的黄色，其上有大量坏死斑点，后叶尖形成黑色坏区，叶成熟前脱落，蔓顶回枯，植株生长矮缩。

（8）缺铁：顶部2～3片嫩叶脉间褪绿，逐渐向下部叶片扩展。细小叶脉褪绿，而沿主脉仍为绿色条带。叶成熟前脱落，植株生长矮缩。

（9）缺铜：嫩叶脉间褪绿，后扩展到包括叶脉在内的整个叶片。叶尖、叶缘形成暗褐色坏死斑点，下卷，脱叶，植株生长受阻。

（二）胡椒肥害

肥害轻的植株，嫩叶变白，叶尖、叶缘干枯变黑，成熟的叶片褪绿，枝蔓生长缓慢，吸收根根尖变黑、枯死。肥害严重植株，嫩叶萎蔫，根系变黑、腐烂，部分叶片脱落，枝蔓生长停滞，蔓节短缩，后期叶片枯黄，没有光泽。受害特别严重的植株，施肥的当天出现嫩叶失水、下垂，三天后叶片坏死、脱落，吸收根、侧根、大根及地下蔓腐烂。

（三）胡椒水害

水害植株的叶片失去光泽，顶部枝条停止生长，随后嫩叶、嫩枝脱落，严重时全株叶片变黄、脱落。挖检根部看到下层根系发黑、腐烂、有臭味。

第四篇 胡椒采收与加工

一、胡椒采收

胡椒植后3~4年便有收获。目前栽培的大叶种，放秋花的收获期为翌年5~7月，放春花的在翌年1~2月。胡椒果实收获期长，要分批采收。整个收获期采果

5~6次，每隔7~10天采一次，果穗上有2~4粒变红时就整穗采摘。最后一次采果时，应将植株上全部果穗全都摘完，以免影响下次开花结果。

二、胡椒加工

目前商品胡椒主要有黑胡椒和白胡椒两种。加工方法都比较简单。

（一）黑胡椒的加工方法

将果穗直接晒干或烘干而成的。果穗晒3~4天后果皮皱缩，用木棒打脱果粒，除去果梗，再充分晒干，便成商品的黑胡椒。亦可以直接将鲜果烘干，温度控制在49~60℃之间，干

燥24小时便可。50千克鲜果可制成16～18千克黑胡椒。亦可用60℃的热水浸泡果实，这样果穗易脱粒，也易晒干，果粒美观。

（二）白胡椒的加工方法

白胡椒是用鲜果浸泡，除去果皮果肉后干燥而成，其步骤如下：

1.泡浸

将果穗放入加工池内（或装入麻袋置于流水中），浸7～15天，至果皮、果肉腐烂为止。池内的水要求流动的，或每天换水1～2次，浸泡时间不能太长，这样制成的白胡椒洁白，无臭味。在死水中长期浸泡加工而成的白胡椒，色较黑，有臭味，质量较差。

2.洗涤

当果皮腐烂时，将池中的水排干，就在池中直接用脚踩踏，或将浸泡好的果实置于木桶或竹箩内踩踏，去皮，最后用水反复冲洗，除去果皮果梗，直接洗净为止。果实数量较多时，最好用脱皮机脱皮和冲洗。

3.干燥

将洗净的胡椒粒置于晒场晒2～3天或放在43℃左右的烘房中烘24小时，至椒粒充分干燥为止（含水量约14%）。风选后便成商品白胡椒。根据群众经验，可

用牙咬椒粒来判断是否干燥，如咬声清脆，椒粒裂成4～5片，便是干燥适度。如椒粒干燥不够，颜色暗淡且减少香辣气味，影响商品质量。鲜果50千克可加工12.5～15千克白胡椒，1千克白胡椒约有19000～24000粒。

此外，白胡椒也可用黑胡椒制成，其加工方法同上，100千克黑胡椒可制得70千克左右的白胡椒。

4.胡椒生物酶（菌）加工

胡椒生物酶（菌）脱皮能够缩短浸泡时间，减少胡椒的异味，保证胡椒色泽洁白一致，大大减少传统工艺对环境的污染，提高胡椒产品的品质。其主要流程是鲜果浸泡过程加入胡椒生物脱皮酶（菌）液，浸泡3–5天，然后洗涤干净、干燥。

5.胡椒深加工

胡椒的深度加工是用有机溶剂从黑胡椒中提出一种油树脂。胡椒油树脂保持着胡椒的香味、风味和辛辣。它的质量决定于它的挥发油胡椒碱的含量，一般胡椒油树脂含挥发油15%～20%，胡椒碱35%～55%。胡椒深度加工，8千克黑胡椒可制得1千克黑胡椒油树脂，而1千克黑胡椒油树脂与其他惰性物质掺用，可充作25千克黑胡椒之用。

6.胡椒分级

根据1995年公布的国家标准GB7900—1995，胡椒分为三级，见下表：

胡椒分级标准表

级别	白胡椒	黑胡椒
一级	颜色纯正，香气浓郁，味道纯正，果粒饱满，大小一致，水分15%以下，外来物0.8%以下	颜色纯正一致，香味浓郁，味道纯正，果粒饱满，大小一致，水分13.5%以下，外来物0.6%以下
二级	颜色纯正，基本一致，香味较浓，味道良好，果粒基本一致，水分15%以下，外来物1%以下	颜色纯正，基本一致，香味较浓，味道良好，果粒基本一致，水分13%以下，外来物0.9%以下
三级	颜色差别较大，香味较小，味道差，果粒大小不一致，水分15%以下，外来物1.3%以下	颜色差别较大，香味较小，味道一般，果粒大小不一致，水分13.5%以下，外来物1.5%以下

参考文献

［1］张永平，施菊芬. 骑马坝乡胡椒瘟病的发生与防治对策；科学种养；2017.06

［2］张华昌；关于海南胡椒营养状况的调查和施肥管理的建议［J］；热带农业科学；1994年02期

［3］邢谷杨，谭乐和，林电，郑维全，邬华松；海南胡椒植地的养分状况［J］；热带作物学报；2004年04期

［4］欧阳欢；邢谷杨；；海南胡椒标准化生产技术推广体系的建立［J］；农业与技术；2006年05期

［5］鱼欢；邬华松；闫林；杨建峰；谭乐和；；胡椒栽培模式研究综述［J］；热带农业科学；2010年03期

［6］符气恒；；东昌农场胡椒标准化种植与管理技术［J］；热带农业科学；2009年06期

［7］刘进平，郑成木；试论无公害胡椒生产［J］；云南热作科技；2002年03期

［8］罗刚健；胡椒的科学施肥［N］；海南农垦报；2006年